Ruby Jindal

Campos de Resiliência: A história não contada do trabalho árduo dos agricultores

AF666154

Ruby Jindal

Campos de Resiliência: A história não contada do trabalho árduo dos agricultores

ScienciaScripts

Imprint

Any brand names and product names mentioned in this book are subject to trademark, brand or patent protection and are trademarks or registered trademarks of their respective holders. The use of brand names, product names, common names, trade names, product descriptions etc. even without a particular marking in this work is in no way to be construed to mean that such names may be regarded as unrestricted in respect of trademark and brand protection legislation and could thus be used by anyone.

Cover image: www.ingimage.com

This book is a translation from the original published under ISBN 978-620-7-65167-2.

Publisher:
Sciencia Scripts
is a trademark of
Dodo Books Indian Ocean Ltd. and OmniScriptum S.R.L publishing group

120 High Road, East Finchley, London, N2 9ED, United Kingdom
Str. Armeneasca 28/1, office 1, Chisinau MD-2012, Republic of Moldova, Europe
Printed at: see last page
ISBN: 978-620-7-73783-3

Copyright © Ruby Jindal
Copyright © 2024 Dodo Books Indian Ocean Ltd. and OmniScriptum S.R.L publishing group

Índice

Prefácio

No coração de cada agricultor encontra-se uma história de resiliência, um testemunho do poder duradouro do trabalho árduo e da dedicação. Ao navegarmos pelas complexidades da vida moderna, é demasiado fácil ignorar os heróis silenciosos que cultivam a terra, semeando as sementes do nosso sustento com um empenho inabalável e um amor sem limites pela terra.

Em "Fields of Resilience: A História Não Contada do Trabalho Duro dos Agricultores", embarcamos numa viagem à alma da agricultura, onde o ritmo da vida bate em harmonia com as estações. Ao longo destas páginas, descobrimos as provações e os triunfos daqueles que trabalham incansavelmente para alimentar o mundo, cujas histórias estão entrelaçadas no próprio tecido da nossa existência.

Este livro é um tributo aos heróis desconhecidos do coração, cujas mãos moldam a paisagem e cujo suor alimenta o solo. É uma celebração da beleza encontrada na simplicidade do trabalho árduo, um lembrete de que, no meio da azáfama da modernidade, a essência da vida ainda prospera nos campos.

Ao mergulharmos na vida dos agricultores, descobrimos uma profunda ligação à terra, uma reverência pela generosidade da natureza e uma crença inabalável no poder da perseverança. Desde as primeiras horas da madrugada até à luz ténue do crepúsculo, a sua dedicação não tem limites, a sua resiliência é um farol de esperança num mundo em constante mudança.

Através da lente das suas experiências, ganhamos uma visão do profundo significado da agricultura, não apenas como uma indústria, mas como um modo de vida. Ficamos a conhecer os sacrifícios feitos, os desafios ultrapassados e o profundo sentido de realização que advém de cuidar da terra e colher os seus frutos.

Por

Dr. Ruby Jindal

(Universidade K.R. Mangalam, Gurugram, Haryana, Índia)

Capítulo 1: Sementes de sacrifício

Na imensidão das paisagens agrícolas, onde a terra se encontra com o céu num horizonte contínuo, o ritmo da vida bate em harmonia com a mudança das estações. Cada amanhecer traz consigo a promessa de um novo dia, onde cada semente lançada representa não apenas um simples ato de plantação, mas um profundo gesto de fé no futuro. Este é o pano de fundo da vida agrícola, onde começa a jornada de cada agricultor - uma jornada tecida com fios de esperança, perseverança e dedicação inabalável à terra.

Apresentando a Promessa de Esperança e Perseverança

Na vasta extensão das paisagens agrícolas, onde a terra se encontra com o céu num horizonte contínuo, o ato de plantar uma semente transcende a mera agricultura - torna-se um símbolo de esperança, perseverança e fé no poder transformador da natureza. Cada semente lançada não é apenas um gesto, mas um voto silencioso, uma promessa de abundância, de sustento e de um amanhã melhor.

Quando os agricultores se ajoelham sobre o solo fértil, com as mãos a embalar ternamente cada semente, fazem-no com um profundo sentido de reverência e crença na capacidade da terra para fazer nascer a vida a partir da terra estéril. É um ato de fé, um testemunho do seu empenho inabalável em cultivar e proteger a terra que nos sustenta a todos.

Para os agricultores, cada semente representa mais do que apenas uma potencial colheita; é um compromisso para com as gerações futuras, uma promessa de preservar o legado dos que vieram antes e preparar o caminho para os que virão depois. Com cada semente semeada, forjam uma ligação ao ciclo intemporal da vida e da renovação, onde a promessa de uma colheita abundante é um farol de esperança que brilha mesmo nos tempos mais sombrios.

Na tranquila solidão dos campos, entre o suave farfalhar das folhas e o sussurro do vento, os agricultores encontram consolo e força no ato de plantar. Compreendem que o seu trabalho não é apenas para si próprios, mas para um bem maior - para as comunidades que alimentam, para os ecossistemas que sustentam e para as gerações ainda por nascer.

E assim, ao semearem as sementes da esperança e da perseverança, os agricultores fazem-no com o coração cheio de gratidão e reverência pela terra e por todas as suas dádivas. Sabem que, no ato de plantar, não estão apenas a cultivar colheitas, mas a alimentar sonhos, a alimentar possibilidades e a alimentar a própria essência da vida.

As suas mãos, envelhecidas por anos de trabalho árduo, embalam cada semente com cuidado, cada uma delas um símbolo da sua dedicação à terra e da promessa de uma colheita frutuosa. Com cada semente suavemente pressionada no solo, sussurram orações silenciosas para um clima favorável, colheitas abundantes e a força para perseverar perante a adversidade.

Mas as suas esperanças vão para além dos limites dos seus próprios campos; imaginam um futuro em que cada semente semeada é um passo em direção a um mundo mais sustentável e equitativo. Sonham com um mundo onde os frutos do seu trabalho nutrem não só os corpos, mas também as mentes e os espíritos, fomentando um profundo sentido de ligação e reverência pela terra e por todos os seus habitantes.

E assim, ao plantarem, não plantam apenas para hoje, mas para amanhã, sabendo que as sementes que lançam hoje darão frutos para as gerações vindouras. Nas suas mãos está a promessa de esperança, a promessa de perseverança e a promessa de um amanhã melhor - para eles próprios, para as suas comunidades e para o mundo.

Ao percorrerem os sulcos dos seus campos, os seus espíritos são elevados pelo conhecimento de que cada semente tem o potencial de transformar uma terra estéril num paraíso verdejante. Plantam com um objetivo, com paixão, com uma crença profundamente enraizada na bondade inerente à terra e na sua capacidade de sustentar a vida em todas as suas formas.

E assim, quando o sol se põe em mais um dia de plantação, os agricultores recolhemse às suas casas com os corações cheios de esperança e as mãos cansadas do trabalho. Mas mesmo enquanto descansam, os seus sonhos levantam voo, levados nas asas da possibilidade e da promessa de um amanhã melhor. Porque, no ato de plantar, eles não semearam apenas sementes, mas as sementes da esperança, as sementes da perseverança e as sementes de um futuro melhor para todos.

Explorando o legado geracional das famílias de agricultores

No coração de cada exploração agrícola encontra-se uma história - uma história tecida com fios de gerações passadas, de lutas suportadas e triunfos celebrados, e da ligação inquebrável entre a família e a terra. Para as famílias de agricultores, a terra não é apenas um pedaço de propriedade; é uma herança sagrada, um legado vivo transmitido ao longo dos tempos. Desde os primórdios da agricultura, quando os nossos antepassados aprenderam a cultivar o solo e a extrair vida da terra, a agricultura tem sido mais do que um meio de subsistência - tem sido um modo de vida, uma forma de nos ligarmos à terra e uns aos outros de uma forma que transcende as palavras.

O legado da agricultura está gravado no próprio tecido da nossa sociedade, moldando os nossos valores, tradições e sentido de identidade. É um legado que atravessa gerações, unindo as famílias num sentido partilhado de objetivo e pertença. A própria terra torna-se uma parte de quem somos, um reflexo dos nossos valores e uma fonte de orgulho e património.

Para as famílias de agricultores, a terra é mais do que apenas um lugar para plantar e criar gado; é um património sagrado - uma administração transmitida de uma geração para a seguinte. É uma responsabilidade cuidar da terra e de todas as suas criaturas, nutrir o solo e preservar a sua fertilidade para as gerações futuras. É um laço que transcende o tempo e o espaço, ligando-nos aos nossos antepassados e à própria terra de uma forma que é simultaneamente profunda e profundamente significativa.

Ao longo dos séculos, as famílias de agricultores enfrentaram inúmeros desafios e obstáculos, desde secas e inundações a pestes e doenças. Mas, apesar de tudo, perseveraram, retirando força da sua ligação à terra e uns aos outros. Resistiram às tempestades e ultrapassaram as adversidades, forjando uma resiliência e uma determinação tão duradouras como o próprio solo.

O legado da agricultura não é apenas um artefacto histórico; é um testemunho vivo e vivo do poder do engenho humano, da perseverança e da resiliência. É uma lembrança dos sacrifícios feitos por aqueles que vieram antes de nós e das responsabilidades que temos para com as gerações futuras. É um legado que vale a pena preservar, acarinhar e transmitir àqueles que virão depois de nós - um legado que perdurará pelas gerações vindouras.

Em cada estação, desde os primeiros sulcos arados na primavera até às colheitas finais no outono, as famílias de agricultores deixam a sua marca na terra e no mundo que as rodeia. Cultivam não só as colheitas, mas também as relações - com a terra, uns com os outros e com as gerações futuras ainda por nascer. E, ao fazê-lo, asseguram que o legado da agricultura perdure, enriquecendo a vida de todos os que entram em contacto com ela e inspirando as gerações futuras a levar a tocha adiante com orgulho e propósito.

Destacar os sacrifícios dos agricultores

O caminho do agricultor não é para os fracos de coração; é uma viagem cheia de desafios e marcada por sacrifícios que muitas vezes passam despercebidos. Desde o raiar do dia até ao crepúsculo, os agricultores embarcam num ciclo incessante de trabalho, com as mãos calejadas e o corpo cansado do peso da sua labuta. No entanto, no meio das provações e tribulações, eles perseveram, recorrendo a uma força interior que é tão duradoura como a própria terra.

Os sacrifícios feitos pelos agricultores são profundos e abrangentes, indo para além do preço físico de longas horas passadas sob o brilho implacável do sol ou o frio cortante do frio. Passam dias sem descanso, muitas vezes sacrificando o conforto pessoal e o lazer às exigências da terra. O tempo que poderia ser passado com a família e os entes queridos é, em vez disso, dedicado às necessidades das colheitas, uma vez que os agricultores tratam dos seus campos com uma dedicação e determinação inabaláveis.

Mas entre as dificuldades e os desafios, os agricultores encontram consolo no ato de plantar - uma comunhão tranquila com a terra que nutre os seus espíritos e alimenta a sua resiliência. Compreendem que cada semente lançada é mais do que a promessa de uma colheita futura; é um testemunho do seu empenhamento inabalável em cultivar e preservar a terra que nos sustenta a todos. É uma promessa de esperança face à incerteza e um lembrete de que, mesmo nos tempos mais sombrios, a terra é capaz de produzir vida e abundância.

Os sacrifícios feitos pelos agricultores não são feitos em vão; são feitos para o bem maior da humanidade. Porque os agricultores não alimentam apenas os nossos corpos com os frutos do seu trabalho; alimentam as nossas almas, recordando-nos o poder da esperança, da perseverança e do sacrifício face à adversidade. Encarnam o espírito de resiliência e determinação que define a experiência humana, inspirando-nos a todos a enfrentar os nossos próprios desafios com coragem e graça.

No final, os sacrifícios feitos pelos agricultores são um testemunho do legado duradouro da agricultura - um legado construído sobre a base de trabalho árduo, perseverança e compromisso inabalável com a terra. É um legado que vale a pena honrar e preservar, pois é através dos sacrifícios dos agricultores que todos nós somos sustentados e enriquecidos, tanto de corpo como de alma.

Capítulo 2: Lavrar a terra

Nas primeiras horas da madrugada, o mundo desperta para os suaves sussurros de um novo dia. Para os agricultores, este é o início de uma sinfonia - uma mistura harmoniosa de suor, determinação e as melodias silenciosas da terra. Lavrar a terra não é apenas uma tarefa; é um ritual sagrado, uma dança íntima entre a humanidade e a terra que nos sustenta a todos.

Aprofundar o trabalho físico envolvido na agricultura

Desde o raiar do dia, quando os primeiros raios de sol beijam o horizonte, até aos momentos tranquilos do crepúsculo, os agricultores embarcam numa jornada de trabalho físico que define não só o seu sustento, mas a sua própria existência. Sob o olhar atento do sol, tornam-se os guardiões da terra, com as mãos calejadas e as costas curvadas pelo peso do seu trabalho. Cada dia é um testemunho da sua resistência, um testemunho da ligação duradoura entre a humanidade e a terra.

Armados com ferramentas robustas e uma determinação inabalável, os agricultores preparam o solo para a estação seguinte. Cada movimento é deliberado, cada ação tem um propósito, à medida que se envolvem na arte intemporal de lavrar a terra. Com cada golpe do arado, revolvem o solo com uma precisão cuidadosa, desfazendo os torrões e removendo os detritos para criar um leito fértil para a plantação. Desde arar e gradar até semear e fertilizar, cada tarefa exige força, resistência e vontade de ultrapassar a fadiga e o desconforto em busca de um objetivo maior.

Mas o trabalho físico da agricultura não é apenas uma questão de força bruta; é uma questão de delicadeza, habilidade e um profundo conhecimento da terra. Os agricultores têm de navegar pelos contornos do terreno, ajustando as suas técnicas às características únicas de cada campo. Devem estar em sintonia com os ritmos subtis da natureza, respondendo às mudanças das estações e dos padrões climáticos com agilidade e graça.

E, no entanto, apesar dos desafios que enfrentam, os agricultores perseveram. Recorrem a uma determinação interior que é tão inabalável como a própria terra, encontrando força no conhecimento de que o seu trabalho não é em vão. Para eles, o ato de cultivar a terra é mais do que um simples trabalho; é um dever sagrado, um laço sagrado que os liga a algo maior do que eles próprios.

No final, o trabalho físico da agricultura é um testemunho da resiliência do espírito humano - um lembrete de que, no meio do caos do mundo, há beleza, há um objetivo e há o poder duradouro do trabalho árduo. E quando os agricultores trabalham incansavelmente nos campos, com as mãos sujas de terra e os corações cheios de esperança, eles incorporam a sabedoria intemporal de que, nos campos da resiliência, os milagres criam raízes e florescem.

Descrevendo os cuidados meticulosos tomados na preparação do solo

No centro de cada colheita bem sucedida está o cuidado meticuloso na preparação do solo - uma delicada dança de arte e ciência que prepara o terreno para os meses que se seguem. Para os agricultores, a qualidade do solo não é apenas um fator, mas a própria base de que depende a sua subsistência. Com um nível de dedicação e precisão que raia a reverência, abordam a tarefa de lavrar a terra com um profundo sentido de responsabilidade e respeito.

Com cada volta do arado, os agricultores embarcam numa viagem para nutrir e reabastecer o solo, assegurando que está preparado e pronto para receber as sementes de uma nova vida. Trabalham incansavelmente para quebrar os torrões e remover os detritos, criando uma superfície lisa e uniforme, propícia ao crescimento saudável das raízes e à absorção óptima dos nutrientes. Cada movimento é deliberado, cada ação é intencional, uma vez que se esforçam por criar as condições ideais para que as suas culturas prosperem.

Mas lavrar a terra é mais do que um mero processo mecânico; é um ato profundamente intuitivo - uma comunhão íntima entre o agricultor e a terra que transcende as fronteiras da língua e da cultura. Os agricultores compreendem as subtis nuances do solo, lendo a sua textura e composição com um olhar perspicaz e respondendo com cuidado e sensibilidade às suas necessidades. Ajustam a profundidade e o ângulo das suas alfaias, assegurando que cada sulco é reto e verdadeiro, preparado para abraçar a promessa de uma colheita abundante.

Enquanto trabalham, os agricultores tomam nota do teor de humidade do solo, dos níveis de pH e da composição de nutrientes, ajustando as suas técnicas em conformidade para garantir condições de crescimento ideais para as suas culturas. Compreendem que a saúde do solo é a chave para a saúde das suas colheitas e, por isso, abordam a tarefa de lavrar com um sentido de propósito e reverência que fala da profunda ligação que partilham com a terra.

No final, o cuidado meticuloso na preparação do solo é um testemunho do empenho inabalável do agricultor em cuidar da terra com integridade e respeito. É um trabalho de amor, um dever sagrado transmitido através de gerações - uma lembrança de que, nas mãos daqueles que a tratam com cuidado, a terra tem o poder de produzir abundância sem medida.

Mostrar a relação íntima do agricultor com a terra

No abraço tranquilo dos campos, onde os únicos sons são o farfalhar suave das folhas e o zumbido suave dos insectos, os agricultores encontram consolo e ligação no ritual intemporal de lavrar a terra. Com cada sulco arado e cada linha meticulosamente traçada, aprofundam a sua ligação à terra, forjando uma intimidade que só pode vir de anos de trabalho no solo.

Ao longo do ciclo das estações, os agricultores ficam sintonizados com os ritmos subtis e as nuances da terra, testemunhando o fluxo e refluxo da vida com um olhar atento e um coração aberto. Desde os primeiros rebentos delicados da primavera até aos tons dourados do outono, observam como a terra desperta do seu sono invernal, irrompendo com nova vida e vitalidade. Aprendem a ler os sinais da natureza - a mudança das cores do céu, o cheiro da chuva no vento, a sensação da terra sob os seus pés - e respondem em conformidade, ajustando as suas práticas para se alinharem com as necessidades da terra.

Mas a relação do agricultor com a terra vai para além da mera observação; é uma ligação profunda e profunda, enraizada na reverência e no respeito. A cada estação que passa, eles compreendem a interligação de todos os seres vivos - o delicado equilíbrio entre o solo, a água, o ar e a luz solar que sustenta a vida na terra. Vêem-se a si próprios não como proprietários da terra, mas como cuidadores, a quem foi confiada a responsabilidade de nutrir e preservar os seus preciosos recursos para as gerações futuras.

No ato de lavrar a terra, os agricultores encontram não só trabalho mas também um objetivo - um sentido de ligação a algo maior do que eles próprios, uma recordação da profunda beleza e complexidade do mundo natural. Orgulham-se do seu papel de administradores da terra, sabendo que os seus esforços de hoje irão moldar o mundo de amanhã. E enquanto trabalham, levam consigo um profundo sentimento de gratidão pela terra e por todas as suas dádivas, sabendo que só através do seu cuidado e dedicação é que a terra continuará a prosperar para as gerações vindouras.

Capítulo 3: Cultivar a paciência

Na vasta extensão das paisagens agrícolas, onde o céu se estende infinitamente e a terra contém a promessa de abundância, os agricultores embarcam numa viagem que requer não só trabalho físico, mas também uma virtude inabalável: a paciência. Cultivar a paciência é uma forma de arte, uma virtude aperfeiçoada ao longo de anos de espera, resistência e perseverança perante a incerteza e a adversidade.

Examinar a virtude da paciência

A paciência, no domínio da agricultura, é uma virtude multifacetada que se estende muito para além do mero ato de esperar. É um estado de espírito, uma aceitação tranquila da natureza cíclica da vida na terra e uma fé inabalável na capacidade inata da terra para nutrir e sustentar a vida. Desde os primórdios da agricultura, quando os nossos antepassados aprenderam a cultivar o solo e a aproveitar o poder da natureza, a paciência tem sido um companheiro essencial na viagem da semente à colheita.

No coração da vida agrícola está uma relação íntima com a terra - uma compreensão de que a terra funciona segundo o seu próprio calendário, indiferente às exigências e expectativas da humanidade. Os agricultores sabem que as sementes que semeiam hoje podem não dar frutos amanhã, mas plantam-nas mesmo assim, confiando nos ritmos naturais de crescimento e renovação que regem o ciclo agrícola.

Mas a paciência não se limita a esperar que as sementes germinem ou que as colheitas cresçam; tem também a ver com a resiliência face à adversidade. Os agricultores têm de enfrentar uma miríade de desafios, desde padrões climáticos imprevisíveis a infestações de pragas e doenças das culturas. Perante tais obstáculos, a paciência torna-se uma companheira inabalável, guiando os agricultores através das provações e tribulações da vida agrícola com graça e coragem.

Em tempos de seca, quando a chuva escasseia e a terra se torna ressequida e seca, os agricultores têm de ter paciência enquanto esperam que o alívio chegue. Implementam medidas de conservação da água, tratam das suas culturas com cuidado e confiam na capacidade de resistência da terra. E quando as chuvas finalmente chegam, como é inevitável, os agricultores regozijam-se por saberem que a sua paciência foi recompensada e que as suas culturas voltarão a florescer.

Do mesmo modo, em tempos de abundância, quando os campos irrompem numa profusão de cores e fragrâncias, a paciência lembra aos agricultores que devem saborear o momento, agradecer as bênçãos da terra e partilhar a alegria da celebração comunitária. Eles reúnem-se com amigos e vizinhos para colher os frutos do seu trabalho, sabendo que a sua paciência e perseverança deram frutos da forma mais abundante.

Mas talvez o maior teste de paciência ocorra nos momentos calmos do inverno, quando os campos estão em pousio e a terra repousa debaixo de um manto de neve. É um tempo de espera e de observação, de planeamento e de preparação para a estação seguinte. Os agricultores tratam das suas ferramentas e equipamentos, consertam as vedações e sonham com as colheitas que ainda estão para vir, sabendo que a paciência não é apenas uma virtude, mas um modo de vida - uma aceitação tranquila dos ciclos da natureza e da eterna promessa de renovação.

Ilustrando a resiliência através de contratempos

Mas cultivar a paciência nem sempre é fácil, especialmente face a contratempos e desafios que testam os limites da resistência. Desde secas e inundações a pragas e doenças, os agricultores têm de ultrapassar uma miríade de obstáculos que ameaçam fazer descarrilar os seus esforços e diminuir os seus rendimentos.

No entanto, apesar das adversidades que enfrentam, os agricultores perseveram. Recorrem a uma fonte de resiliência que corre no fundo das suas almas, recusando-se a sucumbir ao desespero ou à derrota. Em vez disso, enfrentam cada desafio com coragem e determinação, encontrando soluções criativas e abordagens inovadoras para ultrapassar os obstáculos e proteger as suas culturas.

No meio da seca, os agricultores implementam medidas de conservação da água e variedades de culturas resistentes à seca para atenuar o impacto dos períodos de seca. No rescaldo das cheias, trabalham incansavelmente para reparar as infra-estruturas danificadas e restaurar a produtividade dos campos inundados. E face às pragas e doenças, empregam estratégias de gestão integrada de pragas e práticas de agricultura biológica para proteger as suas culturas e minimizar as perdas.

Apesar de tudo, os agricultores permanecem firmes no seu compromisso com a terra e uns com os outros, retirando força do seu sentido partilhado de objetivo e de comunidade. Sabem que a resiliência não consiste apenas em recuperar da adversidade, mas em fortalecer-se no processo, aprofundando a sua ligação à terra e uns aos outros com cada desafio que ultrapassam.

Celebrar os momentos de triunfo

Na vasta extensão dos campos, entre as ondas douradas dos grãos amadurecidos e a vegetação luxuriante das colheitas prósperas, os agricultores vêem-se envolvidos num momento de triunfo - um testemunho da sua inabalável paciência e perseverança face à adversidade. Estes são os momentos pelos quais vivem, o culminar de meses de trabalho e dedicação, em que a terra concede as suas bênçãos numa rica tapeçaria de cores e sabores.

Para os agricultores, a época das colheitas é uma altura de júbilo - uma altura para colher os frutos do seu trabalho e agradecer a abundância que a terra lhes concedeu. Quando se encontram no meio da generosidade dos campos, os seus corações enchem-se de orgulho e gratidão, sabendo que os seus esforços incansáveis deram frutos da forma mais magnífica.

Mas a colheita é mais do que uma época de abundância; é também uma época de reflexão - um momento para fazer uma pausa e honrar a viagem que os trouxe até aqui. Quando os agricultores se juntam para partilhar histórias e recordar as provações e triunfos da época, criam laços de camaradagem e solidariedade que transcendem as fronteiras da língua e da cultura.

No meio da abundância, os agricultores não esquecem as lutas que os trouxeram até este momento. Lembram-se das noites sem dormir preocupados com as colheitas, das horas intermináveis de trabalho sob o sol escaldante ou o frio cortante, e dos momentos de dúvida e incerteza que testaram a sua determinação. E, no entanto, apesar de tudo, perseveraram, alimentados por uma crença profunda no potencial da terra e na sua própria capacidade de resistir.

Quando se reúnem à volta da mesa da colheita, os agricultores brindam à terra que os sustenta e uns aos outros, com o espírito animado por saberem que triunfaram sobre a adversidade e emergiram mais fortes e resistentes do que nunca. E, ao saborearem os frutos do seu trabalho, lembram-se mais uma vez da sabedoria intemporal de que, nos campos da perseverança, os milagres criam raízes e florescem, dando origem a uma colheita de abundância sem medida.

Olhando para o futuro com esperança

À medida que os últimos grãos são colhidos nos campos e a terra se acomoda no seu sono de inverno, os agricultores voltam os olhos para o horizonte, aguardando com esperança e antecipação a promessa de uma nova estação. A cada dia que passa, o ciclo de plantação, crescimento e colheita aproxima-se, trazendo consigo a perspetiva de novas oportunidades e novos desafios a conquistar.

Nos momentos calmos do inverno, quando a terra fica adormecida sob um manto de neve, os agricultores ocupam-se com os preparativos para os meses que se seguem. Tratam das suas ferramentas e equipamento com cuidado, assegurando que tudo está a funcionar corretamente para as tarefas que têm pela frente. Debruçam-se sobre catálogos de sementes e planos de rotação de culturas, planeando meticulosamente cada pormenor da próxima época de cultivo. E, enquanto o fazem, levam consigo um sentimento de otimismo e entusiasmo pela recompensa que os espera.

Mas no meio do planeamento e da preparação, há também um sentido de humildade - um reconhecimento do poder e da imprevisibilidade da terra e a necessidade de abordar cada estação com um espírito de reverência e respeito. Os agricultores compreendem que, embora possam trabalhar a terra, em última análise é a terra que detém o poder de nutrir e sustentar a vida. Por isso, abordam o seu trabalho com um sentido de humildade, sabendo que têm de trabalhar em harmonia com a natureza para serem bem sucedidos.

Quando olham para o futuro, os agricultores fazem-no com o coração cheio de esperança e as mãos prontas para trabalhar. Sabem que surgirão desafios e que ocorrerão contratempos, mas também sabem que, com paciência, resiliência e fé no potencial da terra, podem superar tudo o que surgir no seu caminho. E assim, com um sentido renovado de objetivo e determinação, estão prontos para embarcar na viagem que os espera, sabendo que, seja qual for o futuro, enfrentá-lo-ão com coragem e convicção.

Abraçar a viagem

Na vasta extensão da paisagem agrícola, entre o suave balançar das culturas e o sussurro do vento, os agricultores encontram-se imersos numa viagem diferente de qualquer outra. É uma viagem definida pela paciência - o cuidado paciente do solo, a espera paciente pela germinação das sementes e a antecipação paciente da colheita que ainda está para vir. Mas mais do que isso, é uma viagem definida pela rica tapeçaria de experiências - os altos e baixos, os desafios e os triunfos - que transformam a agricultura num modo de vida que é simultaneamente exigente e profundamente gratificante.

Para os agricultores, cultivar a paciência não é apenas uma questão de esperar que os frutos do seu trabalho amadureçam; trata-se de abraçar a totalidade da viagem - o processo de nutrir a terra, cuidar das suas necessidades e forjar uma ligação profunda à terra e a todas as suas maravilhas. Trata-se de reconhecer que a verdadeira beleza da agricultura não reside apenas na colheita, mas nos rituais quotidianos de plantação, lavoura e colheita que constituem a espinha dorsal da sua existência.

A paciência, para os agricultores, é mais do que uma virtude; é uma forma de ser - uma filosofia que orienta a sua abordagem à vida e ao trabalho. Trata-se de abordar o mundo com humildade, gratidão e reverência pelos milagres da natureza que nos rodeiam. É um lembrete de que a terra não é apenas um recurso a ser explorado, mas um organismo vivo que respira e que nos sustenta a todos, e que a nossa relação com ela é uma relação de administração e cuidado.

À medida que prosseguem a sua viagem, os agricultores levam consigo as lições aprendidas em épocas passadas - a sabedoria da paciência, a resiliência do espírito humano e a fé duradoura no potencial de provisão da terra. Compreendem que cada dia traz consigo novos desafios e oportunidades e que o sucesso não se mede pelo tamanho da colheita, mas pela profundidade da sua ligação à terra e uns aos outros.

No final, quando se encontram no meio dos campos que cultivaram com cuidado e devoção, os agricultores encontram consolo e satisfação no conhecimento de que fazem parte de algo maior do que eles próprios - um legado intemporal de trabalho árduo, perseverança e amor pela terra que se estende ao longo de gerações. E quando olham para o futuro com esperança e antecipação, fazem-no com um sentimento de orgulho por tudo o que realizaram e um profundo sentido de gratidão pela viagem que os trouxe até este momento.

Capítulo 4: Colher a esperança

Enquanto o sol se põe no céu, lançando um brilho dourado e quente sobre os campos, os agricultores de todo o mundo preparam-se para colher os frutos do seu trabalho. A época das colheitas é um momento de celebração, o culminar de meses de trabalho árduo, antecipação e dedicação inabalável à terra. É uma altura em que a terra oferece a sua generosidade numa rica tapeçaria de cores e sabores, e o ar enche-se com o aroma inebriante dos cereais maduros e dos frutos amadurecidos pelo sol.

Capturar a essência da época das colheitas

A época das colheitas chega como um crescendo de vida, marcando o culminar de meses de trabalho, antecipação e dedicação inabalável. É mais do que apenas uma época de abundância; é uma celebração jubilosa da própria vida - um testemunho da resiliência do espírito humano e uma recordação pungente da profunda interligação entre a humanidade e a terra.

Para os agricultores, a época das colheitas representa um momento sagrado - uma altura para fazer uma pausa, refletir e agradecer as abundantes bênçãos que lhes foram concedidas pela terra. Desde o tenro aparecimento dos rebentos verdes na primavera até aos resplandecentes tons dourados do outono, os agricultores cuidaram das suas colheitas com ternura, enfrentando as tempestades da adversidade e abraçando os fugazes momentos de triunfo ao longo do caminho.

Através do calor abrasador do verão e das chuvas implacáveis da estação das monções, os agricultores têm perseverado, com os seus espíritos inabaláveis perante os desafios que a natureza lhes colocou. Com uma determinação inabalável, cuidaram dos seus campos, cultivando o solo e extraindo vida da terra com um profundo sentido de reverência e respeito.

E agora, com a chegada da época das colheitas, a sua paciência é finalmente recompensada. Por toda a terra, campos de grãos dourados balançam com a brisa suave, um testemunho da resistência duradoura do espírito humano e da generosidade sem limites da terra. É uma visão que enche o coração de espanto e admiração - uma lembrança do poder milagroso do engenho humano e da capacidade infinita da terra para fornecer.

Mas a época das colheitas é mais do que apenas uma época de abundância; é uma época de reflexão - um momento para reconhecer os inúmeros sacrifícios feitos ao longo do caminho e para honrar a profunda ligação entre a humanidade e a terra. Quando os agricultores se juntam para colher os frutos do seu trabalho, fazem-no com os corações cheios de gratidão e as mãos ansiosas por partilhar a sua generosidade com o mundo.

No final, a época das colheitas é uma celebração da vida - uma sinfonia alegre de cores, sabores e fragrâncias que ressoam com os ritmos intemporais do mundo natural. E quando o sol se põe noutra estação de abundância, os agricultores ficam admirados com a beleza e a majestade da terra, sabendo que são apenas humildes administradores da sua abundância sem limites.

Pintura viva da alegria do agricultor

À medida que o sol se ergue no horizonte, lançando um brilho dourado sobre os campos, os agricultores começam a reunir-se nos campos, com os seus corações cheios de orgulho e alegria ao verem a colheita a amadurecer diante deles. O ar está vivo de expetativa, tingido com o cheiro doce do feno acabado de cortar e o aroma a terra dos grãos maduros. A cada golpe da foice e a cada feixe de trigo colhido, eles deleitam-se com a sensação de realização que advém do facto de verem o seu trabalho árduo dar frutos.

Há um sentimento palpável de camaradagem e solidariedade entre os agricultores enquanto trabalham lado a lado, com as suas gargalhadas a ressoar pelos campos como música para os ouvidos. Partilham histórias de épocas passadas e sonhos de épocas futuras, com as suas vozes a misturarem-se com o farfalhar das colheitas e o chilrear dos pássaros por cima. Para eles, a colheita é mais do que uma mera tarefa; é uma celebração da comunidade - uma altura para se juntarem e partilharem a generosidade da terra.

À medida que o dia avança e o sol sobe mais alto no céu, os campos ganham vida com a sua atividade. Os agricultores movem-se com determinação e determinação, os seus movimentos são fluidos e graciosos enquanto colhem os frutos do seu trabalho. Cada molho de trigo é cuidadosamente atado e empilhado com precisão, um testemunho da habilidade e perícia daqueles que cuidam da terra.

E quando o último molho de trigo é recolhido e os campos ficam novamente vazios, os agricultores reúnem-se em círculo, com os rostos radiantes de alegria e gratidão. Inclinam a cabeça em silenciosa reverência, agradecendo as bênçãos da colheita e a abundância que ela proporciona. Sabem que o seu trabalho não foi em vão e que os frutos do seu trabalho alimentarão não só os seus corpos, mas também as suas almas.

Nesse momento de reflexão silenciosa, quando o sol se põe abaixo do horizonte e as estrelas começam a cintilar por cima, os agricultores são tomados por uma profunda sensação de paz e contentamento. Porque nos campos de abundância, entre os grãos dourados e os caules ondulantes do trigo, encontraram não só o sustento, mas também a alegria e a realização - um testemunho da beleza intemporal e da generosidade da terra.

Reflectindo sobre o profundo sentimento de realização

Nos momentos calmos que se seguem à azáfama das colheitas, quando a praça da aldeia ganha vida com a energia vibrante dos agricultores e dos aldeões, há um profundo sentimento de realização que permeia o ar. É um sentimento que transcende o mero ato de vender produtos - é um reconhecimento do papel vital que os agricultores desempenham no tecido da sociedade e da profunda satisfação que advém do facto de alimentarem o corpo e a alma com os frutos do seu trabalho.

Quando os agricultores se juntam na praça da aldeia, com as suas carroças carregadas com a recompensa da colheita, há um sentimento palpável de orgulho e realização que brilha nos seus rostos. Eles erguem-se, com o peito inchado e uma confiança tranquila, sabendo que o seu trabalho árduo e dedicação deram frutos da forma mais magnífica. Para eles, a colheita não tem apenas a ver com encher as barrigas com alimentos nutritivos; tem a ver com nutrir espíritos, promover um sentido de ligação e pertença e honrar a terra que nos sustenta a todos.

À medida que os aldeões se reúnem para examinar as ofertas, os seus rostos iluminam-se de prazer ao verem frutos frescos, legumes e cereais, cada um deles um testemunho da abundância da terra e da habilidade daqueles que a tratam com amor e cuidado. Há risos e conversas à medida que as histórias são partilhadas e as amizades são forjadas, tecendo uma tapeçaria de comunidade que os une numa apreciação partilhada da terra e das suas dádivas.

Mas no meio das festividades, há também um sentimento de reverência - um reconhecimento das gerações de agricultores que vieram antes, cujos esforços incansáveis lançaram as bases para a abundância de que desfrutamos atualmente. À medida que o sol se põe em mais uma época de colheitas, os agricultores fazem uma pausa para prestar homenagem aos que os precederam, com o coração pesado de gratidão pelo legado que herdaram e pela responsabilidade que têm de cuidar da terra para as gerações futuras.

E ao olharem para o futuro com esperança e expetativa, os agricultores sabem que o seu trabalho está longe de terminar. O ciclo de plantação, crescimento e colheita é uma viagem sem fim - uma viagem cheia de desafios e triunfos, contratempos e sucessos, mas, em última análise, uma viagem cheia de esperança. Porque nos campos de abundância, entre os grãos dourados e os caules oscilantes do trigo, os agricultores encontram não só o sustento, mas também a realização - um profundo sentido de objetivo e significado que os sustenta através das provações e tribulações das estações vindouras.

Celebrar a generosidade da terra

Quando o sol se põe abaixo do horizonte e o dia de trabalho chega ao fim, os agricultores reúnem-se à volta da mesa, com os rostos corados pelo brilho do sol poente e os corações cheios de gratidão pela abundância que os rodeia. Diante deles está um banquete digno de reis - uma variedade de legumes frescos, cereais saudáveis e frutos suculentos, tudo preparado com carinho a partir dos frutos do seu trabalho. E quando se sentam para partilhar esta refeição juntos, fazem-no com um sentido de reverência e apreço pelas bênçãos da terra e pela abundância que ela proporciona.

Para os agricultores, esta refeição é mais do que um simples sustento; é uma celebração - uma celebração da colheita e de tudo o que ela representa. É um momento para agradecer as inúmeras horas passadas a trabalhar nos campos, o suor e as lágrimas derramadas em busca de uma produção abundante e a profunda ligação estabelecida com a terra e todas as suas maravilhas. É um momento para refletir sobre as provações e tribulações da vida agrícola e para se deleitar com o sentido de resiliência, determinação e esperança que os sustenta ao longo de tudo isto.

Ao levantarem os copos num brinde à colheita, os agricultores fazem uma pausa para reconhecer os sacrifícios feitos e os desafios ultrapassados ao longo do caminho. Eles sabem que o seu trabalho não é apenas um emprego, mas um chamamento - um dever sagrado de cuidar da terra e garantir a sua vitalidade para as gerações futuras. E assim, com cada dentada de comida e cada gole de bebida, honram o legado dos que vieram antes deles, cujos esforços incansáveis abriram caminho para a abundância de que desfrutam atualmente.

Mas no meio da celebração, há também um sentido de responsabilidade - um reconhecimento do frágil equilíbrio entre a humanidade e o mundo natural, e a necessidade de pisar a terra com leveza. Os agricultores compreendem que a generosidade de que desfrutam não é apenas sua, mas uma dádiva da terra - uma dádiva que deve ser acarinhada e protegida para as gerações vindouras. E assim, quando se sentam à mesa, partilhando histórias e risos com amigos e familiares, fazem-no com um compromisso renovado de gestão e sustentabilidade, sabendo que o futuro da agricultura depende da sua capacidade de cuidar da terra e de todos os seus habitantes.

No final, quando os últimos bocados são saboreados e as últimas gotas de vinho são escorridas, os agricultores levantam-se da mesa com os corações cheios de gratidão e as mentes cheias de esperança. Para eles, a colheita é mais do que apenas uma estação; é um modo de vida - uma forma de honrar a terra e as gerações de agricultores que os precederam, cujo legado permanece vivo nos campos e nos frutos do seu trabalho. E ao olharem para o futuro com expetativa, fazem-no com um sentido de objetivo e determinação, sabendo que com trabalho árduo, resiliência e uma profunda reverência pela terra, a generosidade da terra continuará a sustentá-los durante as gerações vindouras.

Capítulo 5: Semeando o futuro

Quando a última colheita da estação se aproxima do fim e os campos ficam em pousio sob o céu de inverno, os agricultores voltam o seu olhar para o futuro com uma determinação e um otimismo renovados. Para eles, o fim de uma estação marca o início de outra - um tempo para refletir sobre as lições aprendidas, para planear os desafios futuros e para lançar as sementes da esperança para as gerações vindouras.

Olhando para a próxima temporada

O ciclo da agricultura é uma viagem sem fim - uma dança perpétua de plantação, crescimento e colheita que reflecte os ritmos da própria natureza. E à medida que uma estação dá lugar à seguinte, os agricultores aproximam-se do futuro com uma sensação de antecipação e entusiasmo, ansiosos por começar de novo.

A cada ano que passa, os agricultores adquirem novas percepções e experiências que informam as suas práticas e moldam a sua abordagem à agricultura. Aprendem com os seus sucessos e fracassos, incorporando novas técnicas e inovações no seu trabalho para melhorar a eficiência, a produtividade e a sustentabilidade.

Mas no meio do planeamento e da preparação, há também um sentido de humildade - o reconhecimento do poder e da imprevisibilidade da terra e a necessidade de abordar cada estação com um espírito de reverência e respeito. Os agricultores compreendem que, embora possam lançar as sementes, é a natureza que, em última análise, decide o resultado e que o sucesso nunca é garantido.

Explorar as inovações na agricultura

Nos últimos anos, o sector da agricultura assistiu a uma revolução na inovação e na tecnologia, com o aparecimento de novas ferramentas e técnicas para ajudar os agricultores a enfrentar os desafios de um mundo em rápida mudança. Desde a agricultura de precisão e a tecnologia de drones até à engenharia genética e à agricultura vertical, os agricultores têm acesso a uma grande variedade de recursos que os podem ajudar a trabalhar de forma mais inteligente e não mais difícil.

A agricultura de precisão, por exemplo, utiliza a tecnologia GPS e a análise de dados para otimizar o rendimento das culturas e minimizar o desperdício, permitindo que os agricultores adaptem as suas práticas às necessidades únicas de cada campo individual. Entretanto, os drones podem fornecer imagens aéreas em tempo real das culturas, ajudando os agricultores a identificar potenciais problemas, como pragas, doenças e deficiências de nutrientes, antes que se tornem problemas graves.

A engenharia genética também revolucionou a agricultura, com os cientistas a desenvolverem culturas mais resistentes à seca, às pragas e às doenças e que requerem menos factores de produção, como a água e os pesticidas, para se desenvolverem. E a agricultura vertical - um método de cultivo em camadas empilhadas dentro de casa - oferece uma solução sustentável para os desafios da escassez de terra e da urbanização, permitindo aos agricultores produzir alimentos durante todo o ano em qualquer clima.

O compromisso inabalável do agricultor em gerir a terra de forma sustentável

No entanto, no meio do entusiasmo da inovação, os agricultores mantêm-se firmes no seu compromisso de administrar a terra de forma sustentável para as gerações futuras. Compreendem que a agricultura não se resume à produção de alimentos; trata-se de cuidar da terra e preservar os seus recursos para benefício de todos.

As práticas agrícolas sustentáveis, como a rotação de culturas, as culturas de cobertura e a gestão integrada de pragas, não são apenas palavras-chave para os agricultores; são princípios orientadores que moldam a sua abordagem à agricultura. Através da rotação de culturas e da plantação de culturas de cobertura, os agricultores ajudam a reconstituir o solo e a reduzir a erosão, enquanto as técnicas de gestão integrada das pragas minimizam a necessidade de pesticidas e herbicidas químicos, protegendo o ambiente e a saúde humana.

Mas a agricultura sustentável não é apenas o que acontece nos campos; é também a forma como os agricultores gerem os seus recursos fora da exploração. Muitos agricultores estão a adotar fontes de energia renováveis, como a energia solar e eólica, para reduzir a sua pegada de carbono e diminuir os seus custos energéticos. Outros estão a implementar técnicas de poupança de água, como a irrigação gota a gota e a recolha de águas pluviais, para conservar a água e proteger as reservas de água cada vez mais escassas.

Enfatizar a sabedoria intemporal

Mas talvez o maior recurso que os agricultores têm à sua disposição seja a sabedoria intemporal transmitida ao longo dos tempos - um legado de conhecimento e experiência que tem sido transmitido de geração em geração. Esta sabedoria recorda-nos que o trabalho mais árduo produz frequentemente as mais doces recompensas e que o sucesso na agricultura exige paciência, perseverança e um profundo respeito pela terra.

Ao longo da história, os agricultores enfrentaram inúmeros desafios e obstáculos, desde secas e inundações a pragas e doenças. Mas, apesar de tudo, perseveraram, recorrendo a uma força interior e a uma resiliência que é tão duradoura como a própria terra. Compreendem que a agricultura não é apenas um trabalho, mas um modo de vida - um chamamento sagrado que os liga a algo maior do que eles próprios.

E assim, ao olharem para o futuro com esperança e antecipação, os agricultores levam consigo as lições aprendidas com as gerações passadas - a sabedoria dos seus antepassados, as histórias das suas lutas e triunfos, e a fé duradoura no potencial de provisão da terra. Para eles, o ciclo de plantação, crescimento e colheita não é apenas um ciclo de estações, mas um ciclo de vida - uma viagem que os liga à terra e a todas as suas maravilhas, e que os sustenta através dos desafios e incertezas da vida agrícola.

Conclusão: Semeando sementes de esperança

No final, o futuro da agricultura está cheio de promessas e possibilidades - um futuro onde a inovação e a tradição convergem para criar um sistema alimentar sustentável e resiliente que nutre as pessoas e o planeta. Mas é também um futuro que depende da dedicação e do empenho contínuos dos agricultores em cuidar da terra com cuidado e respeito e em transmitir os seus conhecimentos e sabedoria às gerações futuras.

Ao olharmos para o futuro, recordemos as lições aprendidas no passado - a importância da paciência, da perseverança e de uma profunda reverência pela terra e por todos os seus dons. Aceitemos os desafios e as oportunidades que se avizinham com otimismo e determinação, sabendo que o trabalho mais árduo produz frequentemente as mais doces recompensas.

E semeemos as sementes da esperança para as gerações futuras, plantando as sementes da inovação, da sustentabilidade e da resiliência que garantirão uma colheita abundante nos anos vindouros. Porque, no final, não são apenas as colheitas que cultivamos, mas o legado que deixamos para trás que realmente importa - o legado de um mundo nutrido pelos frutos do nosso trabalho e sustentado pela sabedoria intemporal daqueles que vieram antes de nós.

Capítulo 6: Cultivar as sementes do conhecimento

Na intrincada dança entre a humanidade e a terra, o conhecimento serve de luz orientadora, iluminando o caminho a seguir pelos agricultores ao longo das gerações. Este capítulo explora profundamente a incessante jornada de aprendizagem que os agricultores empreendem, desde a sabedoria ancestral enraizada na tradição até às inovações de ponta da agricultura contemporânea. Celebra o papel multifacetado do agricultor como guardião da tradição e pioneiro do progresso, entrelaçando os fios do conhecimento ancestral e a visão moderna para cultivar práticas agrícolas sustentáveis.

O legado da tradição: Sabedoria ancestral transmitida de geração em geração

No cerne da agricultura encontra-se um tesouro de conhecimentos tradicionais, cuidadosamente acumulados e aperfeiçoados ao longo de séculos de contacto íntimo com a terra. Incorporada no tecido das comunidades agrícolas, esta sabedoria ancestral serve de testemunho da resiliência e do engenho das gerações passadas. Desde o momento meticuloso da plantação até à compreensão intuitiva da saúde do solo, estas práticas consagradas pelo tempo constituem a base sobre a qual se constroem os legados agrícolas. Através de tradições orais, rituais culturais e aprendizagem experimental, os agricultores herdam uma linhagem sagrada de conhecimentos que não só sustenta a sua subsistência, como também promove um profundo sentido de ligação aos seus antepassados e à terra que cultivavam.

Abraçar as inovações modernas: Uma dança entre tradição e tecnologia

Numa era marcada pelo rápido avanço tecnológico, os agricultores encontram-se no nexo entre tradição e inovação, navegando num equilíbrio delicado entre a sabedoria do passado e a promessa do futuro. As tecnologias emergentes - da agricultura de precisão à engenharia genética - têm o potencial de revolucionar as práticas agrícolas, oferecendo novas ferramentas para aumentar a produtividade, atenuar o impacto ambiental e garantir a segurança alimentar face aos desafios globais. No entanto, a adoção destas inovações requer uma abordagem diferenciada, baseada na compreensão dos seus potenciais benefícios e implicações éticas. Ao integrar os avanços modernos com a sabedoria tradicional, os agricultores podem aproveitar o poder da inovação, preservando os valores intrínsecos de sustentabilidade, resiliência e gestão que definem o seu ofício.

Educação e formação: Capacitar os agricultores com conhecimentos e competências

No centro do cultivo do conhecimento agrícola está a procura de educação e formação, fornecendo aos agricultores as ferramentas e os recursos de que necessitam para prosperar numa paisagem em constante evolução. Os serviços de extensão agrícola, as instituições académicas e as organizações comunitárias funcionam como centros de aprendizagem de valor inestimável, oferecendo uma gama diversificada de programas e iniciativas destinados a promover práticas agrícolas sustentáveis, técnicas de conservação do solo e estratégias de gestão das culturas. Através de workshops práticos, seminários interactivos e redes de intercâmbio entre pares, os agricultores têm a oportunidade de aprofundar os seus conhecimentos das ciências agrícolas, aperfeiçoar as suas competências e estabelecer ligações significativas com outros profissionais. A formação não só capacita os agricultores a adaptarem-se às condições ambientais e à dinâmica do mercado em constante mudança, como também promove uma cultura de aprendizagem ao longo da vida e de inovação que permeia todos os aspectos da vida agrícola.

Gestão da terra: Equilíbrio entre preservação e progresso

Como administradores da terra, os agricultores têm a profunda responsabilidade de salvaguardar os recursos naturais de que dependem os seus meios de subsistência. A educação desempenha um papel fundamental no cultivo de um ethos de gestão ambiental, incutindo nos agricultores uma profunda reverência pela terra e um compromisso com práticas sustentáveis de gestão da terra. Ao adotar técnicas como a lavoura de conservação, a rotação de culturas e a agrossilvicultura, os agricultores podem atenuar a erosão do solo, melhorar a fertilidade do solo e promover a biodiversidade, assegurando a saúde e a resistência a longo prazo dos ecossistemas agrícolas. Além disso, a educação capacita os agricultores para enfrentarem desafios ambientais prementes, como as alterações climáticas e a escassez de água, com resiliência e adaptabilidade, impulsionando soluções inovadoras que harmonizam as necessidades humanas com o delicado equilíbrio da natureza.

Uma viagem de aprendizagem ao longo da vida: Cultivar a curiosidade e a resiliência

A agricultura não é apenas uma vocação, mas uma tradição venerada - uma vocação sagrada que exige um compromisso vitalício de aprendizagem, crescimento e adaptação. Perante a adversidade, os agricultores recorrem à fonte de conhecimento que os rodeia, combinando a sabedoria da tradição com o dinamismo da inovação para enfrentar os desafios de frente. A cada estação surgem novas lições, novas descobertas e novas oportunidades de crescimento, à medida que os agricultores navegam no terreno em constante mudança da vida agrícola com uma determinação inabalável e uma curiosidade sem limites. Como guardiões da terra, compreendem que a sua jornada de aprendizagem está longe de terminar - que é uma odisseia eterna, moldada pelos ritmos da natureza, a sabedoria do passado e a promessa do futuro.

Na sua essência, cultivar as sementes do conhecimento não é apenas um meio para atingir um fim, mas um dever sagrado - um compromisso solene de honrar o legado daqueles que vieram antes, ao mesmo tempo que se traça um rumo para um futuro mais brilhante e mais sustentável. Através da dança intemporal da tradição e da inovação, os agricultores cultivam não só as colheitas mas também as comunidades, não só o sustento mas também a esperança - um testemunho do poder duradouro do conhecimento para transformar vidas, elevar espíritos e nutrir a alma.

Capítulo 7: Manter a comunidade e a tradição

Na vasta extensão das paisagens rurais, onde os campos dourados se estendem até ao horizonte, encontra-se o coração pulsante das comunidades agrícolas - uma tapeçaria tecida com os fios da herança cultural, rituais comunitários e apoio inabalável. Este capítulo explora profundamente a intrincada teia de ligações que une os agricultores, celebrando a resiliência, a camaradagem e as tradições partilhadas que definem a essência da vida rural.

Cultivar o património cultural: Guardiões da Sabedoria Ancestral

Na vasta extensão das comunidades agrícolas, o património cultural é um farol de continuidade, ligando a geração atual à sabedoria e às tradições dos que vieram antes. Tal como as raízes de um carvalho antigo, estas práticas culturais mergulham profundamente na memória colectiva da vida rural, ancorando as comunidades num sentido partilhado de identidade e propósito.

Folclore e contos de outrora: Histórias que moldam a alma

No coração do património cultural encontra-se a rica tapeçaria do folclore e das tradições orais - histórias sussurradas pelos mais velhos à volta de fogueiras crepitantes e transmitidas de uma geração para a seguinte como preciosas heranças. Estes contos, tecidos com fios de mito, lenda e sabedoria, oferecem vislumbres de um mundo onde os seres humanos e a natureza se entrelaçam numa delicada dança de sobrevivência e simbiose. Desde as criaturas míticas que vagueiam pelas florestas até aos espíritos que habitam nos rios e ribeiros, cada história serve para recordar a profunda ligação entre a humanidade e o mundo natural.

Rituais e Cerimónias: Honrar a Terra e as suas Dádivas

No tecido da vida rural encontram-se os rituais e cerimónias intemporais que marcam o calendário agrícola e honram os ciclos da natureza. As cerimónias de plantação, muitas vezes realizadas no início da primavera, são actos solenes imbuídos de simbolismo e reverência. Os agricultores reúnem-se para abençoar as sementes e oferecer orações à terra, invocando os espíritos da fertilidade e da abundância para garantir uma colheita frutuosa. Estes rituais, imbuídos de tradição e guiados por uma sabedoria ancestral, servem para recordar a dependência da humanidade em relação à terra e à sua generosidade.

Festas das colheitas: Celebrar os frutos do trabalho

Quando o sol atinge o seu zénite e os campos irrompem numa profusão de cores, as comunidades agrícolas reúnem-se para celebrar o culminar dos seus esforços sob a forma de festas das colheitas. Estes encontros alegres são um testemunho da resiliência, do engenho e do espírito coletivo da vida rural. Os agricultores adornam as suas casas e celeiros com colheitas abundantes de frutos, legumes e cereais, enquanto o riso e a música enchem o ar. É uma época de abundância, de gratidão e de abundância partilhada - um momento para fazer uma pausa e agradecer as bênçãos da terra e o sustento que ela proporciona.

Preservação do património cultural: Cultivar as sementes da tradição

Enquanto guardiães da sabedoria ancestral, os agricultores têm a responsabilidade sagrada de preservar e transmitir o património cultural que define o seu modo de vida. Através da narração de histórias, rituais e festivais, transmitem os conhecimentos e tradições dos seus antepassados às gerações futuras, assegurando que a chama da identidade cultural continua a arder. Ao fazê-lo, cultivam um profundo sentimento de orgulho e pertença que os une num compromisso partilhado de gestão e sustentabilidade - um compromisso para honrar o passado, celebrar o presente e salvaguardar o futuro.

Rituais e festas: Honrar o calendário agrícola

O calendário agrícola serve de guia sagrado para as comunidades agrícolas, ditando o ritmo da vida e do trabalho com a mudança das estações. Desde a tenra emergência da primavera até à colheita abundante do outono, cada fase do ciclo agrícola é marcada por rituais e festivais que honram a terra e as suas abundantes dádivas.

primavera: Cerimónias de plantação e renovação

Quando a terra desperta do seu sono invernal e surgem os primeiros sinais da primavera, as comunidades agrícolas reúnem-se para dar início a uma nova estação de crescimento e renovação. As cerimónias de plantação, impregnadas de simbolismo e tradição, anunciam o início do calendário agrícola com orações para que o tempo seja favorável e as colheitas abundantes. Os agricultores lançam as sementes da esperança e da promessa, invocando os espíritos da fertilidade e da abundância para que abençoem a terra e assegurem uma colheita frutuosa. É uma época de otimismo e de expetativa, em que a terra fervilha de vida e de possibilidades e a promessa de um novo começo enche o ar.

O verão: Cuidar dos campos sob o sol

À medida que os dias se alongam e o sol sobe mais alto no céu, o verão desdobra-se numa sinfonia de atividade nos campos. Os agricultores tratam das suas colheitas com cuidado e diligência, nutrindo-as durante o calor do dia e a suave carícia da brisa nocturna. É uma época de trabalho árduo e de perseverança, em que os agricultores labutam sob o olhar implacável do sol, sabendo que os frutos do seu trabalho em breve se tornarão realidade. No entanto, por entre o calor e o suor, há um sentido de objetivo e de realização - um saber que cada dia os aproxima um passo da colheita e da abundância.

O outono: Festas da Colheita e Abundância

Quando o outono pinta a paisagem com tons de dourado e carmesim, as comunidades agrícolas reúnem-se para celebrar o culminar dos seus esforços sob a forma de festivais das colheitas. Estes encontros alegres são um testemunho da resiliência, engenho e espírito coletivo da vida rural, uma vez que os agricultores adornam as suas casas e celeiros com colheitas abundantes de frutos, legumes e cereais. Risos e canções enchem o ar quando vizinhos e amigos se reúnem para partilhar a generosidade da terra, agradecendo as bênçãos da terra e o sustento que ela proporciona. É um tempo de abundância, de gratidão e de abundância partilhada - um momento para fazer uma pausa e agradecer os ritmos cíclicos da natureza e a interligação de todos os seres vivos.

Preservar a tradição e a unidade ao longo das gerações

Através destes rituais e festivais intemporais, as comunidades agrícolas reafirmam a sua ligação à terra e umas às outras, tecendo uma tapeçaria de memórias partilhadas e experiências colectivas que perduram ao longo das gerações. Como guardiães da tradição e administradores da terra, os agricultores honram os ritmos cíclicos da natureza e a sabedoria dos seus antepassados, assegurando que a chama da identidade cultural continua a arder. Ao fazê-lo, cultivam um profundo sentimento de orgulho e pertença que os une num compromisso partilhado de gestão e sustentabilidade - um compromisso para honrar o passado, celebrar o presente e salvaguardar o futuro.

Sentido de pertença e apoio mútuo: Alimentar o tecido da comunidade

No coração das comunidades agrícolas encontra-se um profundo sentimento de pertença - um laço forjado no cadinho do trabalho partilhado, das experiências partilhadas e dos sonhos partilhados. É uma ligação que é profunda, ancorando os indivíduos a uma identidade colectiva mais vasta e impregnando a vida de um sentido e de um significado.

Solidariedade em ação: Apoiar-se mutuamente em todos os momentos

Tanto em tempos de necessidade como de celebração, os vizinhos juntam-se para oferecer assistência e camaradagem, personificando o espírito de solidariedade e reciprocidade que é a marca da vida rural. Quer se trate de dar uma ajuda durante a época de plantação, de se juntarem para reparar infra-estruturas danificadas por tempestades ou simplesmente de oferecer um ouvido compreensivo durante uma chávena de café, as comunidades agrícolas exemplificam o poder do esforço coletivo e dos cuidados colectivos. É um testemunho da força dos laços humanos e da resiliência do espírito humano - uma lembrança de que, juntos, somos mais fortes do que alguma vez seríamos sozinhos.

Esforços partilhados: Construir a comunidade através da ação colectiva

Mas pertencer não é apenas apoiar em tempos de crise; é também juntarmo-nos para celebrar as alegrias e os marcos da vida. Desde a angariação de fundos para o celeiro até às colchas de retalhos, desde as ceias da igreja até às feiras do condado, as comunidades agrícolas estão repletas de oportunidades para a partilha de esforços e de celebrações. Estes rituais e tradições colectivos funcionam como a cola que une os indivíduos, fomentando um sentido de camaradagem e ligação que transcende as fronteiras da identidade individual. No ato de trabalhar e celebrar em conjunto, os agricultores cultivam um sentimento de pertença que enriquece as suas vidas e reforça o tecido da sua comunidade.

Cultivar a compaixão e a unidade: O poder do cuidado coletivo

Através de actos de bondade, generosidade e esforço partilhado, os agricultores fomentam uma cultura de compaixão e unidade que permeia todos os aspectos da vida da comunidade. Quer se trate da doação de excedentes de produtos aos mais necessitados, do voluntariado no banco alimentar local ou da organização de eventos de limpeza na comunidade, os agricultores demonstram o seu empenho no bem-estar dos seus vizinhos e no bem maior. É um testemunho do poder do cuidado coletivo e da ação colectiva - um lembrete de que, se estivermos juntos, podemos ultrapassar qualquer obstáculo e construir um futuro mais brilhante e mais inclusivo para todos.

Cultivar a comunidade, cultivar a pertença

Nos campos e nas quintas, nos corredores dos centros comunitários e das igrejas, os agricultores cultivam não só as colheitas, mas também um sentimento de pertença que enriquece as suas vidas e fortalece os laços da comunidade. Através de actos de solidariedade, esforço partilhado e cuidados colectivos, alimentam uma cultura de compaixão e unidade que serve de farol de esperança num mundo frequentemente tumultuoso. No final, é este sentimento de pertença que os sustenta através das provações e tribulações da vida rural, recordando-lhes que nunca estão verdadeiramente sós - que fazem parte de algo maior do que eles próprios, algo intemporal e duradouro: o tecido da comunidade.

Preservar o passado, abraçar o futuro: Administradores da comunidade e da tradição

Como administradores da comunidade e da tradição, os agricultores têm a responsabilidade sagrada de preservar a rica tapeçaria do património cultural que define o seu modo de vida. Ao transmitirem a sabedoria ancestral, ao participarem em rituais e festivais e ao promoverem um espírito de pertença e de apoio mútuo, asseguram que o legado das comunidades agrícolas perdure para as gerações vindouras. Ao fazê-lo, não só honram as contribuições dos seus antepassados, como também alimentam um sentido de continuidade, resiliência e orgulho que sustenta as comunidades rurais num mundo em constante mudança.

Honrar a sabedoria ancestral: Passando adiante a tocha da tradição

No seio das comunidades agrícolas encontra-se um tesouro de sabedoria ancestral - conhecimentos e práticas intemporais que foram transmitidos de geração em geração. Desde a arte de plantar e cultivar até aos rituais e cerimónias que marcam o calendário agrícola, os agricultores são os guardiões deste património inestimável, assegurando que permanece vivo e vibrante nos corações e mentes das gerações futuras. Através da narração de histórias, da orientação e da experiência prática, transmitem as lições do passado aos agricultores de amanhã, incutindo-lhes uma profunda reverência pela terra e pelas tradições que a sustentam.

Participar em Rituais e Festivais: Alimentar a alma da comunidade

Os rituais e festivais são a força vital das comunidades agrícolas, infundindo na vida quotidiana um sentido de objetivo, significado e ligação. Desde a solenidade das cerimónias de plantação até às celebrações jubilosas das festas das colheitas, estes encontros comunitários proporcionam um espaço para os agricultores se reunirem, partilharem histórias e criarem laços que transcendem as fronteiras da identidade individual. É nestes momentos partilhados de alegria e reflexão que se revela o verdadeiro espírito da comunidade, quando vizinhos e amigos se dão as mãos para honrar a terra e as suas abundantes bênçãos.

Promover um espírito de pertença e de apoio mútuo: Força na união

No coração das comunidades agrícolas existe um profundo sentimento de pertença e de apoio mútuo - uma rede de relações baseada na confiança, reciprocidade e valores partilhados. Tanto em tempos de necessidade como de celebração, os agricultores juntam-se para oferecer assistência e camaradagem, encarnando o espírito de solidariedade que é a imagem de marca da vida rural. Quer se trate de dar uma mãozinha durante a época de plantação, de partilhar os excedentes de produtos no mercado local ou simplesmente de oferecer um ouvido atento em tempos difíceis, as comunidades agrícolas exemplificam o poder do esforço coletivo e dos cuidados colectivos. É através de actos de bondade, generosidade e esforço partilhado que cultivam um sentimento de pertença que enriquece as suas vidas e fortalece o tecido da sua comunidade.

Em conclusão: Guardiães da tradição, arquitectos do futuro

Na sua essência, manter a comunidade e a tradição não é apenas uma escolha, mas um dever sagrado - um compromisso solene de honrar o passado, celebrar o presente e salvaguardar o futuro. Através dos rituais intemporais de plantação e colheita, dos laços de parentesco e solidariedade e do espírito duradouro de cooperação e apoio mútuo, as comunidades agrícolas incorporam a essência da resiliência, do património e da identidade colectiva - um testemunho do poder duradouro da comunidade para alimentar a alma, elevar o espírito e sustentar a terra. Enquanto guardiães da terra e das tradições que os unem, os agricultores são os guardiões da comunidade e da tradição, tecendo uma tapeçaria de resiliência, herança e identidade colectiva que sustenta a alma da vida rural para as gerações vindouras.

Capítulo 8: Adaptar-se à mudança: Resiliência num mundo em constante mudança

Na intrincada tapeçaria da vida agrícola, a mudança é uma companheira constante. Desde a alteração dos padrões climáticos e a flutuação das exigências do mercado até à evolução da dinâmica social e aos avanços tecnológicos, os agricultores navegam numa paisagem complexa que se encontra num estado de fluxo perpétuo. No entanto, no meio da incerteza e dos desafios, demonstram uma extraordinária capacidade de resiliência, recorrendo à tradição, ao conhecimento e à sabedoria colectiva para se adaptarem e prosperarem num mundo em constante mudança.

Explorar a adaptação a paisagens em mudança:

Os agricultores estão profundamente sintonizados com as nuances do seu ambiente, compreendendo que a saúde e a produtividade das suas terras estão intimamente ligadas a padrões e alterações ambientais mais amplos. À medida que as alterações climáticas se aceleram, trazendo consigo fenómenos meteorológicos extremos, precipitação imprevisível e aumento das temperaturas, os agricultores têm de adaptar as suas práticas para atenuar os seus impactos.

Em resposta à alteração das paisagens ambientais, os agricultores estão a implementar técnicas inovadoras, tais como sistemas de irrigação que poupam água, variedades de culturas resistentes à seca e tecnologias de agricultura de precisão. Estas práticas permitem aos agricultores otimizar a utilização dos recursos, minimizar o desperdício e maximizar os rendimentos, mesmo em condições adversas. Além disso, as práticas sustentáveis de gestão dos solos, como a lavoura de conservação, a agro-silvicultura e as culturas de cobertura, ajudam a melhorar a saúde dos solos, aumentam a resistência aos extremos climáticos e reduzem as emissões de gases com efeito de estufa.

Destacar práticas e tecnologias inovadoras:

As práticas e tecnologias inovadoras desempenham um papel fundamental para ajudar os agricultores a navegar nas complexidades da agricultura moderna e a superar os desafios colocados pelas mudanças ambientais, económicas e sociais. Desde os drones e as imagens de satélite para a agricultura de precisão até à engenharia genética e à biotecnologia para o melhoramento das culturas, os agricultores têm acesso a uma vasta gama de ferramentas e técnicas para aumentar a produtividade, a sustentabilidade e a resiliência.

Uma dessas inovações é a adoção de práticas agrícolas inteligentes em termos de clima, que visam aumentar a produtividade agrícola, a resiliência e a adaptação às alterações climáticas, reduzindo simultaneamente as emissões de gases com efeito de estufa. Estas práticas incluem a utilização de variedades de culturas resistentes à seca e tolerantes ao calor, técnicas de agricultura de conservação e estratégias de gestão integrada das pragas.

Além disso, as tecnologias digitais, como o software de gestão agrícola, as aplicações móveis e as plataformas de análise de dados, permitem aos agricultores tomar decisões mais informadas, otimizar a utilização dos recursos e melhorar a produtividade e a rentabilidade. Ao aproveitar o poder dos dados e da tecnologia, os agricultores podem antecipar e responder melhor às mudanças nas condições do mercado, às preferências dos consumidores e aos desafios ambientais.

Mostrar a resiliência das comunidades agrícolas:

No coração da agricultura está a resiliência das comunidades agrícolas - redes estreitas de indivíduos unidos por um sentido partilhado de objetivo, pertença e apoio mútuo. Perante a adversidade, os agricultores recorrem à tradição, ao conhecimento e à sabedoria colectiva para enfrentar as tempestades e emergir mais fortes e mais resistentes do que antes.

As comunidades agrícolas demonstram resiliência de várias formas, desde a partilha de recursos e conhecimentos até ao apoio mútuo em tempos de crise. Seja dando uma mãozinha durante as épocas de plantio e colheita, organizando eventos comunitários e workshops para trocar ideias e experiências, ou defendendo mudanças nas políticas e investimentos no desenvolvimento rural, os agricultores trabalham juntos para superar desafios e construir um futuro sustentável para a agricultura.

Além disso, as comunidades agrícolas são repositórios de conhecimentos tradicionais e de património cultural, preservando práticas e rituais consagrados pelo tempo que as têm sustentado durante gerações. Ao abraçar a tradição e ao mesmo tempo a inovação, os agricultores forjam um caminho que honra o passado, celebra o presente e assegura um futuro próspero para as gerações vindouras.

Na sua essência, a adaptação à mudança não é apenas uma necessidade para os agricultores - é um modo de vida, um testemunho da sua resiliência, engenho e compromisso inabalável com a gestão e a sustentabilidade. Ao abraçar a inovação, aproveitar a tradição e promover a comunidade, os agricultores não estão apenas a sobreviver num mundo em constante mudança - estão a prosperar, moldando o futuro da agricultura e alimentando o mundo nesse processo.

Epílogo: Um tributo ao coração

À medida que o sol se põe suavemente para lá das colinas ondulantes, lançando um brilho dourado sobre a vasta extensão de campos que se estendem até ao horizonte, é altura de fazer uma pausa e refletir sobre o espírito duradouro do coração. Aqui, nestas terras férteis onde a terra encontra o céu, encontra-se o coração pulsante da nossa herança agrícola - os agricultores que trabalham incansavelmente para alimentar o mundo.

Nos momentos calmos do crepúsculo, prestemos homenagem a estes heróis desconhecidos, cuja resiliência não tem limites. A sua história é uma história de garra e determinação, tecida no tecido da terra a que chamam lar. Desde o raiar da aurora até à luz ténue do crepúsculo, trabalham com as mãos desgastadas pelo sol e pelo solo, com o espírito inabalável perante os desafios que se lhes deparam.

Com cada sulco arado e cada semente semeada, os agricultores escrevem uma história de esperança - uma história de fé na promessa da terra de produzir a sua recompensa no devido tempo. Suportam o calor sufocante do verão e o frio cortante do inverno, cuidando das suas colheitas com ternura e dedicação inabalável. O seu trabalho é um trabalho de amor, uma dança sagrada entre a humanidade e a terra, em que cada gota de suor é um testemunho do seu empenho em sustentar as suas famílias e comunidades.

Mas, para além do trabalho físico, existe uma verdade mais profunda - uma verdade que fala da resiliência do espírito humano face à adversidade. Apesar das incertezas do clima, das flutuações do mercado e da tecnologia em constante evolução, os agricultores mantêm-se firmes na sua determinação de cuidar da terra com integridade e respeito. O seu legado transcende as gerações, um laço intemporal que liga o passado, o presente e o futuro numa continuidade de vida sem falhas.

E assim, ao admirarmos a beleza que nos rodeia - os campos dourados balançando suavemente com a brisa, os tons vibrantes do pôr do sol pintando o céu numa sinfonia de cores - não nos esqueçamos de honrar as contribuições inestimáveis daqueles que cuidam desta terra com amor e devoção. Porque são as suas mãos que nos alimentam, o seu suor e trabalho que nos sustentam e a sua fé inabalável que nos inspira a apreciar o ato simples mas profundo do trabalho árduo.

Nas terras do coração, onde a terra sussurra segredos de estações passadas e sonhos de colheitas que ainda estão para vir, encontramos consolo no conhecimento de que, no meio do caos do mundo, há beleza, há esperança e há o espírito duradouro do coração humano - um espírito que encontra a sua expressão mais verdadeira nos campos das terras do coração.

Referências :

Akinbi H, Meinzen-Derr J, Auer C, Ma Y, Pullum D, Kusano R, Reszka KJe Zimmerly K (2010) Alterações nas propriedades de defesa do hospedeiro do leite humano após armazenamento prolongado ou pasteurização. The Journal of Pediatric Gastroenterology and Nutrition 51, 347-352.

Alexander A (2011) O debate sobre o leite cru suscita controvérsia em Nova Jersey e na Rutgers. Rutgers Today. http://news.rutgers.edu/issue.2011-11-29.5885625106/article.2011-12-14.9418220400#.VvPkqI-cE2w

Andersson Y, Savman K, Blackberg L e Hernell O (2007) Pasteurização do leite materno reduz a absorção de gordura e o crescimento em bebés prematuros. Ata Paediatrica 96, 1445-1449.

Anónimo (2010) Flower Hospital muda de leite. New York Times OpinionPages, 100, 75, 50 Years Ago. http://www.nytimes.com/2010/04/27/opinion/27iht-old27.html?_r=0

Baars T, Beals P, Beals T, Brown R, Cattell M, Heckman J, Nelson A, Snyder G, Wilson S e Wightman T (2015) Producing Fresh Milk, Cow Edition. Cincinnati, Ohio: Farm-to-Consumer Foundation.

Baars T, Beals P, Beals T, Brown R, Cattell M, Heckman J, Nelson A,Snyder G, Wilson S e Wightman T (2017) Producing Fresh Milk,Goat Edition. Cincinnati, Ohio: Farm-to-Consumer Foundation.

Balfour EB (1976) The Living Soil and the Haughley Experiment (O Solo Vivo e a Experiência de Haughley). Nova Iorque, NY: Universe Books.

Bear FE, King WA e Bender CB (1946) The dairy cow as a conserver of soilfertility. New Jersey Agriculture Experiment Station Bulletin 730, 3-11.

Beecher C (2016) O 'crescimento explosivo' do leite cru tem custos para o Estado.http://www.foodsafetynews.com/2016/01/raw-milks-explosive-growth-comes-with-costs-to-the-state/#.VtnJCctdFD8.

Benbrook CM, Butler G, Latif MA, Leifert C e Davis DR (2013) Organicproduction enhances milk nutritional quality by shifting fatty acid composition: a United States-wide 18-month study. Public Library of Science 8(12).doi: 10.1371/journal.pone.0082429 .

More Books!

I want morebooks!

Buy your books fast and straightforward online - at one of world's fastest growing online book stores! Environmentally sound due to Print-on-Demand technologies.

Buy your books online at
www.morebooks.shop

Compre os seus livros mais rápido e diretamente na internet, em uma das livrarias on-line com o maior crescimento no mundo! Produção que protege o meio ambiente através das tecnologias de impressão sob demanda.

Compre os seus livros on-line em
www.morebooks.shop

info@omniscriptum.com
www.omniscriptum.com

OMNIScriptum

MIX
Papier aus verantwortungsvollen Quellen
Paper from responsible sources
FSC® C105338

Printed by Books on Demand GmbH, Norderstedt / Germany